DU MORCELLEMENT

A PROPOS DE

L'ENQUÊTE AGRICOLE

(C.)

DU MORCELLEMENT

A PROPOS DE

L'ENQUÊTE AGRICOLE

PAR

LE VICOMTE DE SARCUS

DIJON

IMPRIMERIE J.-E. RABUTOT, PLACE SAINT-JEAN

1866

DU MORCELLEMENT

A PROPOS DE

L'ENQUÊTE AGRICOLE

———

Pour qui examine attentivement le mouvement de plus en plus effrayant qui dépeuple
nos villages, discrédite les travaux des champs,
accroît la cherté de la main-d'œuvre aux dépens
de la valeur du sol et de ses produits, pousse
dans les grands centres une population d'ou-

vriers désormais perdus pour le sillon et la herse, l'enquête agricole soulève la question du *to be or not to be* de la société française.

Il s'agit de savoir si la France s'arrêtera à temps ou si elle continuera à suivre la voie fatale qui la fait descendre quand ses voisins montent. La pierre de touche de la prospérité d'une nation, c'est le développement de sa population ; et les consciencieux mais effrayants travaux de M. Raudot viennent de jeter un triste jour sur notre infériorité, à ce point de vue, comparativement aux populations qui nous pressent et nous enserrent de toutes parts.

Il y aurait peut-être à signaler une corrélation intime entre cette diminution progressive des naissances en France et certaines dispositions des titres 1 et 2 du livre III du Code civil. Mais, quelque sérieuse qu'elle soit, c'est là une question si délicate, qu'à peine la plume autorisée de M. Le Play, dans son magnifique livre de la réforme sociale, a-t-elle osé signaler dis-

crètement l'effrayant tableau de cette lutte sourde d'une population entière réagissant, par le mépris même des lois naturelles, contre les effets désastreux d'une loi factice. Et, cependant, c'est peut-être là une des principales causes du mal qui nous énerve.

Mais s'il est des points douloureux auxquels il ne convient pas à tout le monde de toucher, puisque les plus habiles docteurs hésitent eux-mêmes au moment d'y porter le scalpel, il n'en reste pas moins vrai, en général, que le devoir de chacun est de venir, dans la mesure de ses forces et de ses connaissances, déposer dans cette grande enquête sur ce qu'il croit être soit une des causes du mal dont souffre l'agriculture française, soit un des moyens d'y remédier. L'enquête ne s'adresse pas qu'aux savants, elle s'adresse à tout le monde; et le devoir de chacun, dût-il se tromper dans ses appréciations, est de venir dire ce qu'il croit bon et utile dans les circonstances présentes. Il ne faut pas se laisser arrêter ici ni par le sentiment intime de son infériorité scientifique, ni par fausse honte, ni par la crainte d'encourir l'impopularité en venant proposer des mesures qui blesseront des préjugés plus ou moins enracinés. Nous sommes des témoins qu'on interroge, et les témoins doivent dire tout ce qu'ils croient la vérité.

Il ne s'agit pas seulement de préciser des faits, qui, quelque importants qu'ils puissent être, ne sont après tout que le résultat logique des principes posés. Les symptômes qu'observe le médecin chez le malade qu'on lui confie lui sont surtout utiles pour remonter au principe du mal qu'il est appelé à guérir en le combattant dans sa source. Pour élever un édifice durable, où les générations futures puissent s'abriter avec sécurité, il est indispensable de chercher à l'asseoir sur des bases solides. Autrement on ne rencontrerait qu'un équilibre instable, hypothèse que les hommes d'Etat, dignes de ce nom, doivent énergiquement repousser. On voit par là de quelle importance il est de s'appuyer sur de véritables principes au lieu de procéder par expédients, et combien le dogmatisme, si dénigré par les esprits impuissants à s'élever à la conception d'une doctrine, se trouve supérieur à un empirisme purement éclectique. Il ne suffit pas, en effet, de sentir le malaise social auquel nous sommes en proie, ce n'est pas même assez d'en pénétrer les causes, il faut, à tout prix, en connaître le remède et avoir le courage de l'appliquer. Or, ce remède, c'est la vérité acceptée et pratiquée résolument ; car la vérité est le support et en quelque sorte la substance du bien.

C'est donc pour obéir à ce que nous considérons comme un devoir auquel nul n'a le droit de se soustraire, que nous venons transcrire ici un travail qui, pour être d'une date antérieure à la décision d'une enquête agricole, ne nous en paraît pas moins répondre, dans une certaine mesure, aux numéros 2, 33, 155, 157, 161 du questionnaire officiel.

Pour celui qui, se dégageant des préoccupations journalières, essaie de jeter un regard autour de soi, et de se rendre compte du mouvement qui emporte la société dont il est membre, il est un fait qu'il est bien difficile de ne pas admettre comme constant : c'est que l'Europe s'agite au milieu d'une crise radicalement révolutionnaire, menaçant la société, non-seulement d'une transformation politique, mais encore d'une transformation sociale.

Quels plus évidents symptômes, quels plus menaçants indices que l'apparition de ces théories paradoxales attaquant toutes, d'une manière directe ou indirecte, ceux qui possèdent *quelque chose*, n'importe à quel titre ? Théories qui n'hésitent pas à déclarer *voleurs* ceux qui jouissent sous un nom quelconque *du privilége de la propriété,* ou plutôt *de ce qu'on appelle la propriété,* comme disent certains philosophes qui n'ont pas encore trouvé leur dernière définition.

Comment ces théories subversives ont-elles fait des progrès si rapides depuis moins d'un siècle? Comment ont-elles pénétré dans les masses avec un ensemble dont s'effraient à bon droit tous les hommes d'Etat? Comment en est-on arrivé à voir une école de hardis sophistes proclamer au grand jour, comme un axiome indiscutable, cet audacieux principe de confiscation : qu'une égale répartition du sol est un des droits originels de l'homme; que les propriétaires et les loyers sont un abus, une usurpation contre nature, un débris vermoulu de la féodalité, la racine pourrie d'une orgueilleuse aristocratie de *propriétaires* que notre société libérale et éclairée devrait extirper à la manière expéditive de 1793, afin de nettoyer le sol pour une nouvelle classe d'individus, les prolétaires déshérités, dont le tour est bien venu de jouir des biens que d'autres ont détenus assez longtemps?

Quoi qu'en disent ceux qui, s'endormant dans une molle quiétude, n'ont d'autre souci que de jouir du présent et d'augmenter leur bien-être matériel, ce sont là des questions qui sont bien dignes des méditations des penseurs; car, pour employer les propres expressions du sombre logicien de la Révolution, la *liquidation* n'est peut-être pas éloignée, et elle sera terrible.

Mais ceux-là même qui sont les plus indignés de cette tendance et les plus disposés à la comprimer par les moyens les plus énergiques, sont peut-être les plus coupables, et, selon l'expression de l'Ecriture, ils ne récoltent que ce qu'ils ont semé. Ils ont posé des principes dont l'inflexible logique déroule chaque jour les conséquences, et, après avoir placé dans la loi le germe des idées qui les effraient maintenant, ils s'irritent de leurs développements et se déclarent prêts à les comprimer par les mesures les plus sévèrement répressives. Comme si la force pouvait arrêter l'expansion d'un principe, et comme si la main de l'homme avait le pouvoir d'immobiliser au milieu de sa course le rocher qu'elle a précipité le long d'une pente? Tandis que fatalement, et en vertu de la loi inflexible de la vitesse s'accroissant en raison du mouvement, il doit, quoi qu'on fasse, rouler jusqu'au fond du ravin.

Ce serait un travail bien curieux que de rechercher quels sont, dans la loi telle que l'accepte la société actuelle, les principes générateurs de chacune des idées subversives qu'inscrit sur son drapeau l'armée menaçante du communisme, dont les rangs grossissent chaque jour. On y verrait comment s'applique rigoureusement ce principe de l'éternelle justice : que celui qui s'écarte un instant du droit chemin est conduit à l'abîme, et que celui qui sème l'iniquité recueille la ruine et le désespoir. Mais ce serait un travail immense pour lequel nous ne nous sentons ni la force ni les connaissances nécessaires. Nous nous contenterons d'en effleurer un seul point, en exposant très sommairement les réflexions que nous a suggérées, par rapport à l'état présent et à l'avenir de la propriété, la lecture de deux ouvrages qui datent déjà de près de vingt·ans, mais que bien de nos lecteurs ne connaissent peut-être pas même de nom, pas plus que nous ne les connaissions hier !

Que voulez-vous ? il paraît tant de romans qu'il faut au moins feuilleter, pour pouvoir en dire quelques mots dans les salons *sérieux* qui se passionnent pour *Sybille*, pour *Salambô*, pour *M*^{lle} *de la Quintinie*, etc. ! Et puis, ne faut-il pas faire une étude approfondie de l'art de mettre sa cravate suivant les règles de la fashion ? Ne faut-il pas compulser les généalogies des héros du *turf* et du *sport*, afin de ne pas se donner le ridicule *impardonnable* de classer parmi les descendants d'*Eclips* quelques descendants de *Gladiator!!!* Comment trouverait-on le moyen de consacrer quelques instants à l'étude des questions vitales de l'économie sociale? Il est bien plus facile de les écarter en répétant dédaigneusement : Utopies, utopies!!!

Ces deux ouvrages, dont la lecture intéresse autant qu'elle effraie par les aperçus qu'elle ouvre sur l'avenir, sont les suivants :

1° *De l'agriculture en France*, d'après les documents officiels, par MM. Mounier et Rubichon;

2° *Statistique de l'agriculture de la France*, par M. Moreau de Joanès.

Certainement, depuis que ces livres ont paru, les faits n'ont pu que s'aggraver encore ; le mal qu'ils signalent n'a pu qu'empirer; mais on verra que, sans recourir aux documents nouveaux que pourrait nous fournir l'époque présente, les faits qu'ils signalent, quoique remontant déjà à vingt ans, sont assez menaçants pour mériter une sérieuse attention.

Après avoir étudié la série de données et de résultats que ces auteurs ont laborieusement et consciencieusement dégagés du remarquable travail statistique sur les ressources agricoles de la France, publié par les soins du gouvernement français; immense collection de documents officiels préparés simultanément dans les 33,700 communes du royaume et présentant pour chacune d'elles le tableau détaillé de l'état de son agriculture, de ses produits de diverse nature, de sa consommation, etc., on ne peut s'empêcher de reconnaître que ce principe abstrait en vertu duquel on prétend considérer la terre comme « un simple objet commercial et industriel » (paroles du ministre de l'agriculture et du commerce en avril et mai 1841), dont la loi doit faciliter et encourager de toute manière l'aliénation, le partage et la distribution, — que ce principe, disons-nous, est un principe destructeur auquel l'agriculture, c'est-à-dire la prospérité intérieure de la France, doit son état de décadence, et que, si la législation actuelle, qui tend à subdiviser de plus en plus les héritages, reste en vigueur, il faut s'attendre à une complète désorganisation du système social.

Les dispositions du Code Napoléon, en ce qui concerne les successions, sont trop connues pour qu'il soit nécessaire de les rappeler. Il nous suffira de dire qu'elles tendent, sauf les réserves désignées sous le nom de *portion disponible* et de *majorat,* à un partage égal entre tous les héritiers, sans distinction de nature de propriété. Dans la plupart des autres pays, la loi établit une différence sensible entre les biens-fonds et la propriété mobilière, en favorisant l'intégrité de la première et la division de la seconde. Cette distinction, indépendamment de ses effets sociaux et politiques, est fondée en raison. Des valeurs mobilières, en effet, peuvent se partager sans inconvénient pour personne, et, au contraire, pour le plus grand avantage de tous. Mais si l'on ne maintient pas la distribution de la terre en propriétés assez considérables pour permettre et assurer l'application d'un grand système de cultures régulières, elle se fractionnera en petits lots qui ne comportent pas l'emploi de capitaux auxquels ils n'offriraient pas de retour; et, au lieu d'une large bourgeoisie territoriale, seule base solide d'un bon gouvernement et de la prospérité nationale, on n'aura plus qu'une multitude de petits propriétaires malaisés, sans consistance sociale comme sans influence politique, multitude envieuse, suivant laquelle tout homme qui de ses mains ne bêche pas la terre n'a pas le droit de la posséder; hostile à la fois à la charrue qui la prive de travail et au bétail qui, pour pâturer, la prive de terrain. Et, suivant les paroles d'un économiste anglais, « si une pareille législation reste en vigueur, il y a tout lieu de supposer que dans cent ans d'ici le pays soumis à son action sera aussi remarquable par son extrême pauvreté que par l'extrême égalisation de la propriété. Il n'y aura de riches que ceux qui recevront des traitements de l'Etat. »

La superficie de la France, sans parler de la Corse et de la Savoie, est de   51,893,000 hect.

Sur quoi il faut déduire pour surface improductive, routes, rues, rivières, etc.   2,147,000

____

Reste pour surface pro- ductive. . . . .   49,746,000 hect.

La population de la France, d'après le recensement de 1836, était de 33,333,021 individus, soit un hectare et demi par tête.

Il résulte des documents statistiques publiés en 1835, par le gouvernement français, qu'au 1er septembre 1834 il n'existait pas moins de 123,360,338 parcelles de terre, formant autant d'articles distincts du cadastre.

Mais le nombre des propriétés ne représente pas le nombre des propriétaires, dont le chiffre ne peut s'estimer que par approximation, en raison du mouvement continuel de réunion et de séparation qui a lieu dans cette infinité de petites parcelles éparses sur la surface de la France.

On compte près de 11 millions de cotes foncières, représentant autant d'individus, propriétaires d'un nombre quelconque de parcelles situées sur le territoire d'une même commune. Mais la plupart des personnes aisées possédant des terres dans plus d'une commune, on a conclu, des différents calculs auxquels on s'est livré à ce sujet, qu'il y avait en France environ 5 millions et demi de familles propriétaires distinctes (5,446,763).

Nous voyons par le tableau des cotes communales qu'il n'y a pas moins de 5,163,000 propriétaires imposés au dessous de 5 francs. Or, la moyenne de la contribution foncière pour toute la France étant de 2 fr. 50 c. par hectare, il y a donc plus de 5 millions de propriétaires ne possédant pas en moyenne 2 hectares, et la grande majorité de ce nombre possédant beaucoup moins.

Nous savons par les états officiels que la valeur totale des immeubles en France est estimée à 39,515 millions de francs, et leur revenu annuel à 1,580 millions de francs, ce qui donne pour nos 5 millions et demi de propriétaires un revenu moyen de 287 fr. Mais l'évaluation détaillée des différentes classes de propriétaires donne encore une idée infiniment moins favorable de l'état des choses que cette moyenne de 287 fr., toute faible qu'elle soit.

Si nous nous en rapportons aux calculs de M. Lullin de Châteauvieux, nous voyons, en nous en tenant seulement aux classes extrêmes, que pour 8,000 familles possédant en moyenne 355 hectares, ce qui fait la classe supérieure, il y a 4,900,000 familles possédant à peine 3 hectares 64 ares.

Or, depuis le relevé statistique de 1835, l'action incessante du Code civil a dû encore exagérer outre mesure cette disproportion déjà si grande. Si de 1826 à 1835 les cotes foncières ont augmenté de 60,000, ce qui donne 6,000 *morcellements* par an, cet excédant de la décomposition sur l'accumulation a dû présenter, dans les deux périodes décennales suivantes, une progression rapidement ascendante. C'est sur les grandes propriétés que cette division agit avec le plus de force. Dans l'espace de dix ans, le nombre des propriétés payant moins de 20 fr. d'impôts s'est *accru* d'un neuvième, tandis que toutes les classes supérieures ont *diminué* d'un tiers.

Quant au travail de reconstruction ou d'accumulation par mariage, acquisition, succession collatérale, etc., il est impuissant à arrêter les effets dissolvants de la législation. Son influence devrait se faire sentir surtout sur les propriétés assez rapprochées les unes des autres, et cependant on voit le nombre des cotes communales s'accroître rapidement. Ainsi que le disait M. de Villèle en 1826 : « Si les fortunes se recomposent, il n'en est pas de même des propriétés. On peut bien diviser la terre, mais il est impossible de la réunir lorsqu'elle a été divisée. Les plus grands sacrifices seraient quelquefois sans résultats pour le succès d'une pareille entreprise... Aussi ne voit-on nulle part de grande propriété se former des débris de celle que l'on divise. La petite propriété, sans doute, n'est pas un mal ; mais il importe que la propriété moyenne se conserve et que la grande ne se démembre pas entièrement. »

Maintenant, cette distribution agraire de la propriété, ce morcellement indéfini du sol contribuent-ils au bien public ou, tout au moins, au bien-être et au bonheur de ceux qu'ils semblent favoriser davantage ? C'est là ce qu'il reste à examiner.

Sans doute rien de plus beau, en théorie, sous le double rapport moral et politique, qu'un système qui a pour résultat d'élever au rang de propriétaires indépendants et cultivateurs de leur propre terrain les trois quarts environ de la population. Un pareil état de choses doit tendre, en effet, à développer l'intelligence et à élever les sentiments de l'individu, tandis qu'il semble, d'un autre côté, donner à l'État une puissante garantie en intéressant la grande majorité des citoyens à la stabilité du gouvernement.

Malheureusement l'expérience ne confirme pas la théorie. Ce système, si séduisant en perspective, si parfait même, quand il est maintenu dans certaines limites, donne des résultats tout opposés lorsqu'il est poussé à l'excès, et l'excès est la conséquence forcée de sa nature même. « Nous avons, disent avec orgueil les défenseurs du système, nous avons 2 millions de familles de paysans propriétaires qui, pour se nourrir, consomment ce qu'ils produisent. Mais, pour cette nourriture, il leur faut un morceau de vigne, un morceau de terre pour cultiver du grain, un autre pour les légumes, un autre pour tenir une vache ou au moins une chèvre ; et ces terrains ne peuvent être contigus : il faut une parcelle au sommet du coteau pour la vigne, et une autre au bord de la rivière pour l'herbe. » (Mounier et Rubichon, tome I, page 204.) Cette organisation, par trop primitive, et en même temps fort peu économique, amalgame hybride de la simplicité patriarcale et des calculs profondément désorganisateurs du Code Napoléon, peut, à la rigueur, faire végéter des familles sans cohésion et sans aggrégation ; mais elle est essentiellement destructive de cette grande agriculture qui nourrit un peuple. Et si on ne trouve pas un correctif au système du morcellement de la propriété, il est à craindre que, dans un temps peu éloigné, la France ne tombe dans un véritable état de barbarie agraire.

Ce système doit, en général, émousser les facultés actives. Un homme ne trouvera qu'un médiocre intérêt à acquérir des propriétés dont l'inexorable loi ne lui permettra pas de disposer à son gré, à réunir des propriétés éparses que l'impitoyable Code viendra disperser de nouveau. La plupart du temps, bornant ses désirs et ses besoins à ce que pourra produire son lopin de terre, il végétera dans une existence purement routinière. Et les capitaux, qu'il aurait pu et dû consacrer à l'amélioration de sa terre, iront s'engloutir dans des spéculations financières vers lesquelles, du reste, on les pousse à l'envi par l'attrait des primes et des combinaisons aléatoires les plus séduisantes, sinon les plus morales.

L'effet de ce système sur les habitudes domestiques n'est pas meilleur. Des enfants indépendants de leurs parents et attendant leur mort avec la certitude d'un héritage qui peut même être escompté et dissipé d'avance ; des parents privés en grande partie des moyens de récompenser la bonne conduite et d'arrêter les déportements de leurs enfants ; les dissensions de famille et les procès auxquels donnent lieu ces partages de propriétés : ce ne sont pas là, certes, des éléments de progrès et de bonheur domestique. Quant à l'argument tiré de la stabilité politique d'un pareil système, les vicissitudes révolutionnaires par lesquelles a passé la France depuis que ce principe y a été mis en pratique générale, se chargent d'y répondre pour nous.

A la question : la condition matérielle des agriculteurs s'est-elle au moins améliorée? on nous répond d'un ton triomphant qu'ils sont devenus *propriétaires!* Comme si, ce qui, malheureusement, est loin d'être vrai de nos jours, le mot *propriétaire* était synonyme d'individu dans l'aisance. En supposant qu'ils l'aient tous été à l'origine, en est-il et peut-il en être de même aujourd'hui? et surtout en sera-t-il encore ainsi demain? Chaque partage successif ne doit-il pas, au contraire, amoindrir de plus en plus leur position? Le père de trois enfants peut être dans l'aisance; mais les trois enfants, devenus à leur tour propriétaires, chacun pour un tiers, de la fortune paternelle, trouveront qu'elle suffit à peine à leurs besoins; et si nous considérons la génération suivante, qu'en sera-t-il de leurs neuf enfants, même en tenant compte de l'apport de leurs mères?

On calcule la durée ordinaire d'une génération à trente ans. Depuis que la France est soumise au régime de la division continue, trois générations tout au plus se sont succédé; il y a eu trois partages, et déjà le territoire est divisé en plus de 125 millions de parcelles, et entre plus de 6 millions de propriétaires... Où cela s'arrêtera-t-il? La terre a des limites, mais la loi n'en a pas; et dans quelques années d'ici le Code Napoléon, encore dans toute sa puissance et toute sa force, sera employé à diviser des fractions de décimètres carrés, et à régler, à l'aide de procédés logarithmiques, des héritages infinitésimaux. (Dans les documents statistiques officiels publiés en 1835 on signalait déjà la commune d'Argenteuil (Seine-et-Oise), dont la surface territoriale, 1,550 hectares, était divisée en 36,885 parcelles. Quelques-unes de ces parcelles n'avaient pas plus de 40 à 45 centiares. Quant au revenu, il s'abaissait jusqu'au chiffre de 0 fr. 09 c., et même 0 fr. 06 c.)

Mais un côté encore plus fâcheux et plus grave de la question qui nous occupe, c'est que la plupart de ces *propriétaires* ne sont pas seulement pauvres, ils sont encore dans une situation précaire et périlleuse. La plupart ne sont propriétaires que de nom. Se précipitant à toute vitesse dans la voie que leur ouvrait la loi, ils ont acquis à tout prix ; mais la majorité de ces acquisitions a été faite au moyen d'emprunts hypothécaires qui, la plupart, n'ont pas encore été remboursés, et dont l'existence a, depuis longtemps déjà, attiré la sérieuse attention des hommes d'Etat. Dès 1844, d'après le rapport même du garde des sceaux, plus du tiers du revenu de la France était absorbé par les hypothèques, et un tiers par d'autres charges, sans parler des procès qui fermentent sous ce vaste réseau de difficultés légales, procès dont il est impossible d'évaluer les frais, mais que le garde des sceaux considérait lui-même comme une plaie *incurable* au sein du pays. On voit par là que déjà à cette époque il ne restait pas à la disposition du propriétaire un tiers du revenu ; et encore fallait-il déduire de ce tiers *la plaie incurable*. Il y a vingt-deux ans que ce travail statistique a été fait ; quels doivent donc être les chiffres actuels ?

Ce qu'on peut objecter au système actuel, ce n'est pas tant encore que la loi rend les mutations dispendieuses, mais qu'elle les rend nécessaires, et que les frais excessifs qui en résultent sont entièrement involontaires, inévitables et hors du contrôle de celui qui les supporte. D'ailleurs, indépendamment des procès continuels et toujours croissants sur des questions de limites, d'empiétements, de droits de passage et autres semblables questions suscitées par la dispersion et l'enchevêtrement de tant de millions de parcelles de terre auxquelles les propriétaires ne peuvent arriver, dans une multitude de cas, qu'en passant sur leurs voisins; indépendamment, disons-nous, de ces frais incidents et des droits considérables que le fisc prélève sur tous les partages, un partage est toujours en lui-même une espèce de procès, et souvent un procès très désagréable et très dispendieux. Ainsi, la population entière du pays se trouve jetée, à des intervalles périodiques ou plutôt accidentels, dans un tourbillon général de litiges qui n'épargne personne et rend successivement et forcément chacun à son tour victime de cette inévitable routine de spoliation et d'expropriation.

Tout au moins, quels que puissent être les effets de ce système par rapport aux intérêts individuels, n'est-il pas éminemment favorable à la culture du sol? Acceptant comme un fait acquis en théorie les avantages de la division, et surtout de la divisibilité de la propriété, dans des limites raisonnables et naturellement déterminées par la force des circonstances, par l'accroissement et la décadence des fortunes, par les rapports mutuels du taux de l'argent et de la valeur des immeubles, nous ferons observer qu'aujourd'hui cette division n'a ni cause ni objet rationnel, qu'elle n'est basée ni sur la question d'équilibre entre les besoins et l'approvisionnement, ni sur la nécessité, ni sur la convenance, mais bien sur un simple accident arbitraire : la mort du propriétaire. Par l'effet d'une loi aveugle et en quelque sorte machinale, ce propriétaire unique est remplacé par plusieurs autres qui, le plus souvent, ne peuvent pas remplir les conditions voulues pour posséder utilement, et à qui la possession sera sans avantages. Le plus souvent, la propriété se trouve jetée, soit dans les filets de la loi, où elle se consume en frais, soit sur le marché, où le besoin ne s'en faisait pas sentir. Dans ce cas, la vente étant forcée ne peut donner habituellement qu'un résultat au dessous de la valeur réelle de la propriété. En un mot, cette assimilation des biens fonds à des biens meubles est ruineuse pour les intéressés, désastreuse pour l'agriculture, nuisible à la prospérité matérielle, et fatale aux intérêts moraux et sociaux du pays.

Nous savons bien que, de tout temps, les ministres des finances ont posé en fait, comme une chose qui n'a pas besoin de démonstration, que l'accroissement de toutes les branches de revenu qui proviennent du morcellement de la terre et des transactions y relatives : ventes, cessions, hypothèques, etc., etc., est une preuve incontestable de la prospérité nationale. C'est là une illusion que détruisent le raisonnement et les faits. La question a deux faces, et les ministres n'en considèrent qu'une. S'il faut conclure de ce qu'un individu achète qu'il y a prospérité, il faut nécessairement, de ce qu'un autre vend, tirer la conclusion opposée. Si les capitaux prêtent sur hypothèque, c'est la gêne qui emprunte. Le vrai principe nous paraît être que l'accroissement du revenu par le produit du capital est une preuve de la prospérité publique ; mais qu'un accroissement du revenu provenant de la diminution du capital même est une calamité.

Nous ne ferons qu'indiquer ici sommairement quelques-uns des principaux inconvénients pratiques du système de morcellement. Le premier est une perte réelle de terrain propre à la culture, par suite des innombrables clôtures, chemins et communications nécessités par cette division du sol à l'infini ; et, comme conséquence forcée, la perte de temps résultant souvent de l'éloignement des différents lots appartenant à un même individu, la difficulté dans presque tous les cas de passer de l'un à l'autre, d'y transporter les instruments de labourage et les engrais, d'en enlever les produits. Toutes ces entraves, qui, en détail.

peuvent paraître insignifiantes, sont énormes
en masse.

« La division des terres entre les familles
aurait une limite : le nombre des familles. Mais
le morcellement des terres et la dispersion des
morceaux n'en ont aucune. Une propriété d'un
hectare peut se composer de mille sillons, tous
séparés les uns des autres et enclavés dans les
sillons d'autrui… A la perte immense de temps
que cette division occasionne au laboureur se
joignent une augmentation des frais de culture,
la multiplicité superflue des chemins de dé-
blai, la difficulté de garder et de surveiller les
récoltes, la facilité et la tentation des petites
anticipations frauduleuses, la fréquence et l'im-
punité des délits, les occasions plus multipliées
de procès, etc., etc. Ajoutez les dégâts qui ar-
rivent inévitablement lors des semailles, sur
chacune des petites pièces contiguës, semées
par différents cultivateurs, à cause de l'enjam-
bement que font nécessairement les chevaux
ou les bœufs de la charrue sur la pièce atte-

nante, déjà semée, puisque pour semer l'autre il faut que l'un des animaux attelés, entre lesquels se trouve la raie formée par le soc, foule le terrain adjacent, et à cause du passage répété des attelages sur les pièces ensemencées, pour arriver aux suivantes. » (Mounier et Rubichon, tome II, page 174.)

De plus, et c'est là le pire résultat du morcellement, c'est que tous, dans une commune, sont forcés d'adopter le même genre de culture et de subir bon gré mal gré le joug de la routine. Si l'un d'eux laisse sa terre en jachère, s'il ensemence, s'il fait paître, il faut que tous les autres laissent en jachère, ensemencent ou fassent paître. Celui qui aurait la volonté et les moyens de cultiver tous les ans la totalité de ses terres, suivant un mode approprié aux lois de la végétation et aux convenances locales. verrait indubitablement ses cultures livrées aux ravages continuels des bestiaux de tout le village. Prêchez donc, après cela, aux agriculteurs, les améliorations qu'ils peuvent obtenir par un meilleur assolement! Il y a loin de la théorie, tant belle soit-elle, à la pratique!

Enfin, pour résumer en quelques mots le résultat désastreux du morcellement exagéré de la propriété, nous terminerons par quelques chiffres comparatifs qui nous dispenseront de longs raisonnements.

Avec une surface territoriale de près de 50 millions d'hectares cultivables et une population de plus de 34 millions d'habitants, la France, soumise au régime du morcellement de la propriété, produit en moyenne 69 millions 154,000 hectolitres de froment, soit un peu plus de 2 hectolitres par tête. L'Angleterre, avec une surface territoriale de 31 millions 286,000 hectares cultivables et une population de 24 millions d'habitants environ, mais où la propriété n'est pas morcelée, produit en moyenne 54 millions d'hectolitres de froment, soit 3 hectolitres un tiers par tête.

On compte en Angleterre, suivant M. Sperk, environ 55 millions de bêtes à laine, qui, tuées à trois ou quatre ans, fournissent, terme moyen, 60 livres de chair ou de graisse chacune, ce qui donne environ 34 livres par habitant. En France, nous n'avons guère plus de 30 millions de bêtes à laine, qui, à cinq ou six ans, âge où elles sont tuées d'ordinaire, ne donnent, terme moyen, que 30 livres au plus de chair chacune, soit environ 5 à 6 livres par habitant.

Pour la race bovine et chevaline, la comparaison serait encore plus désavantageuse et plus triste, alors même qu'on la ferait par tête, abstraction faite de la valeur et de la conformation. Et cependant, au dire des auteurs spéciaux, le sol et le climat de la France sont bien supérieurs au sol et au climat de l'Angleterre.

En 1840, la Commission de la Chambre des députés à qui avait été renvoyée une pétition des bouchers de Paris et de Lyon, mit le doigt

sur la véritable cause du mal. « ... Ajoutons, disait-elle, que la division des propriétés en France et les nouvelles destinations données aux terres diminuent chaque année les moyens d'élever, de nourrir et de multiplier le bétail. » Mais elle n'eut pas le courage de signaler le remède.

Et les terres, divisées de plus en plus par petits lots, pour en faciliter la vente, continuèrent à devenir de moins en moins propres à de grandes opérations, soit de culture, soit d'élève de bestiaux. Les propriétaires n'ayant plus ni l'étendue des terres, ni les capitaux nécessaires pour se livrer avec succès à ce genre de production animale, il en résulta rapidement que là où l'on trouvait vingt paires de bœufs gras, bien nourris et ménagés en travail, tant par leur nombre que par leur force, on ne rencontra plus que la moitié ou le tiers de ce nombre en bœufs petits, mal nourris, et qui, forcés trop jeunes à un travail trop rude, sont arrêtés dans leur croissance.

Et l'on vit la France, qui, numériquement, possède plus de 2 millions de chevaux, obligée d'avoir recours à l'étranger chaque fois qu'elle voulait mettre son armée sur le pied de guerre. En 1831, on importa dans ce but 37,083 chevaux; en 1840, 37,643. Triste symptôme de la prépondérance des races inférieures de chevaux, dont la petitesse de taille, ainsi que la multiplicité des ânes et des chèvres, attestent une agriculture en décadence.

Il n'y a peut-être exception, pour ce que nous venons de dire, que dans la Normandie et dans la région nord-ouest de la France, c'est-à-dire dans la région où les habitudes de la population et le système d'agriculture ont offert la plus grande résistance au système de morcellement. C'est dans cette même région que se présentent les récoltes les plus productives, les bestiaux les plus nombreux et de meilleure qualité, une agriculture plus avancée, une population jouissant de plus de bien-être que dans tout le reste de la France.

En somme, plus on examinera l'état actuel de la France, plus on acquerra de nouvelles preuves que ce principe abstrait en vertu duquel on prétend considérer la terre « comme un simple objet commercial et industriel, » dont la loi doit faciliter et encourager de toutes manières l'aliénation, le partage et la distribution, que ce principe, disons-nous, est un principe destructeur, et que les résultats authentiques de l'expérience tendent à discréditer complétement.

Maintenant, comment remédier à cet émiettement continu, à cette pulvérisation incessante de la propriété? Comment arriver à conserver en France, sinon la grande propriété, au moins la propriété moyenne, sans laquelle il ne peut y avoir de progrès réalisable? Cette propriété moyenne, base de la puissance productive des nations, est déjà si fortement atteinte chez nous, qu'on a l'air de nous railler d'une façon amère quand on vient nous préconiser l'usage des machines perfectionnées,

qu'on nous donne comme une panacée univer-
selle au mal qui ronge l'agriculture. On oublie
seulement, hélas! que la première condition
pour user de ces machines tant prônées c'est
d'avoir l'espace nécessaire pour les faire agir;
et déjà, sur bien des points de la France, c'est
à peine si nous pouvons faire tourner la charrue
dans nos champs!

Malgré la fameuse phrase : « En France, la
démocratie coule à pleins bords, »nous considérons notre pays comme si peu démocrate,
dans le sens vrai du mot, que nous nous gar-
derons bien de lui recommander l'application
du principe en vigueur dans la démocrate Amé-
rique, qui, elle au moins, quand elle le prononce,
prend au sérieux le grand mot de Liberté. Ce
principe, c'est la liberté de tester. Chez ces
démocrates logiques, enlever au citoyen la liberté de disposer de ses biens en mourant, après
lui avoir reconnu de son vivant la liberté d'user
et d'abuser, voire même de détériorer et de
dissiper, aurait paru une anomalie.

Ce principe logique et radical est peut-être la seule mesure qui puisse enrayer le mal dont meurt notre agriculture nationale. Mais notre société, si malade qu'elle soit, ne l'est pas encore assez pour percevoir clairement quels sont les remèdes appropriés au mal dont elle souffre. Là où il faudrait le fer rouge pour arrêter l'éthisie et le marasme qui tuent le malade, à peine veut-il supporter l'application de topiques bénins et inoffensifs. Il faut donc se contenter de palliatifs.

Parmi ceux dont l'application pourrait avoir lieu, croyons-nous, sans soulever des récriminations passionnées, nous citerons :

1° Des dispositions qui, empruntées aux lois prussiennes, défendraient le partage de toute parcelle de terre inférieure à certaine quotité déterminée, quotité variable suivant la nature de culture, mais ne descendant pas au dessous d'une certaine limite, soit, par exemple, d'un sixième d'hectare (quatre ouvrées environ) pour la vigne, d'un tiers d'hectare pour les prés, et d'un hectare pour les terres arables, à qui, surtout, le morcellement est pernicieux. Si aucun des héritiers ne voulait reprendre l'héritage en dédommageant ses cohéritiers d'une valeur proportionnelle, il serait procédé à la vente de la terre pour que le prix en fût partagé ; mais cette vente serait toujours effectuée sans fractionner la propriété au dessous de la limite qu'aurait fixée la loi.

Alors on ne verrait plus se produire des faits pareils à ceux que signale M. Guillemot, conseiller de préfecture de l'Ain (page 14 de son travail sur le morcellement. Lyon, 1845). « … Dans une commune de l'arrondissement‧ de Belley, une terre arable de 12 ares a été partagée entre quatre cohéritiers. Avant le partage, cette terre donnait annuellement un assez bon produit. La division opérée, il a fallu pour la desserte de chaque parcelle un sentier dans toute sa longueur, puis des haies de séparation, qui ont absorbé une partie du fonds. Les produits ont éprouvé une diminution considérable... Nous lisions dernièrement l'annonce d'une expropriation dans le département du Puy-de-Dôme, comprenant une certaine quantité de parcelles, parmi lesquelles étaient des terres arables estimées 4 fr., des prés 6 fr., des vignes et des bois de cette incroyable valeur! On comprend bien que le propriétaire ait été exproprié, mais non au profit de ses créanciers, car il est à présumer que les frais ont absorbé les prix de vente. »

2° Modifier la loi des partages dans son application, c'est-à-dire quant à la formation des lots, en donnant au père de famille la faculté d'attribuer à l'un de ses enfants sa fortune mobilière, à l'autre les immeubles sans morcellement. Les tribunaux protégeraient au besoin l'égalité de cette répartition, pour qu'elle ne dissimulât pas un empiétement sur la réserve. Il faudrait aussi trancher dans le même sens la controverse qui divise la doctrine et la jurisprudence sur le point de savoir si, dans le partage de ses biens entre vifs, le père de famille a ou non la faculté d'attribuer à quelques-uns de ses enfants des meubles ou des immeubles exclusivement, ou bien s'il doit répartir également entre eux soit les meubles, soit les immeubles. Une conséquence forcée de cette mesure serait de dégrever la propriété foncière, afin d'établir l'égalité entre elle et la propriété mobilière, sur qui l'on devrait reporter une partie des charges.

3° Il est un point peu important pour le fisc, mais qui aurait cependant, à notre avis, une certaine influence sur la répartition normale de la propriété, en combattant le morcellement; ce serait la suppression du droit proportionnel dans les échanges de parcelles contiguës. On s'est effrayé des abus que pourrait produire l'application de cette législation. Une rédaction claire et précise suffirait pour les éviter.

Sans doute tout ce que nous proposons ici ne sont que des palliatifs bien modestes pour un

mal immense ; de plus experts en pareille ma-
tière sauront, nous l'espérons, proposer et faire
accepter des mesures plus radicales. Mais si
nous avons élevé la voix et émis une opinion
dans une question aussi ardue, c'est qu'il nous
a semblé que l'excès du péril absolvait par lui
seul notre démarche. Ainsi que le dit M. Guillemot « … la propriété foncière succombe af-
faissée sous le poids de ses charges. L'impôt,
la dette hypothécaire. les procès, les gens d'af-
faires, les sinistres . les réparations obligées,
forment une somme totale presque égale au
revenu foncier. Les chiffres qui constatent cet
état éprouvent tous les ans une augmentation
alarmante. (Il y a vingt ans. le chiffre de la
dette hypothécaire était de 14 milliards, en
compensant les inscriptions nulles par les inscriptions occultes, et chaque année il augmente
à peu près de 100 millions.) La propriété étant
ainsi grevée, l'agriculture manque de capitaux
et ne peut avoir un crédit rendu impossible par
cette position obérée ; son essor est encore com-
primé par une législation qui, à certains égards,

consacre des abus et rend impraticables les
améliorations par ses lacunes. Enfin, le sol cul-
tivé est haché, mutilé par un excès de division
qui rend toutes les améliorations plus indispen-
sables et en même temps leur accomplissement
plus difficile. Une sorte de fatalité plane sur
cette triste situation ; l'indifférence, le doute,
l'appréhension repoussent les principaux
moyens d'y remédier, et les ajournent jusqu'à
ce qu'une nécessité plus impérieuse vienne
ordonner leur prompte exécution. Que cette
situation soit grave, le simple examen le dé-
montre ; qu'elle soit grosse d'éventualités dan-
gereuses, il est rationnel de le craindre, et pa-
triotique de le signaler. »

Voilà la situation ; maintenant, *caveant
consules !*

Dijon, imprimerie J.-E. Rabutôt.

9 782329 300184